顺天应时保健康

U0332577

气象出版社
China Meteorological Press

图书在版编目（CIP）数据

顺天应时保健康 / 王慧中，王颐，李书岭编著 .—
北京：气象出版社，2017.5（2019.3 重印）
ISBN 978-7-5029-6538-9

Ⅰ.①顺…　Ⅱ.①王…　②王…　③李…　Ⅲ.①气象学
—普及读物　Ⅳ.① P4-49

中国版本图书馆 CIP 数据核字（2017）第 083444 号

顺天应时保健康

出版发行：气象出版社

地　　址：北京市海淀区中关村南大街 46 号　邮　　编：100081

电　　话：010-68407112（总编室）　010-68408042（发行部）

网　　址：http://www.qxcbs.com　　　E - m a i l：qxcbs@cma.gov.cn

责任编辑：邵　华　　　　　　　　　终　　审：邵俊年

责任校对：王丽梅　　　　　　　　　责任技编：赵相宁

封面设计：符　赋

印　　刷：中国电影出版社印刷厂

开　　本：710mm×1000mm　1/32　　印　　张：5

字　　数：74 千字

版　　次：2017 年 5 月第 1 版　　　印　　次：2019 年 3 月第 3 次印刷

定　　价：20.00 元

序

　　气象与养生密切相关，一定的气候因素与疾病的发生是有内在联系的，春温、夏热、秋燥、冬寒各有特色，对人体的影响也各不相同。古人养生强调天人合一，顺应阴阳四时，温热寒冷有规律的变化，阴阳彼此消长，春夏养阳，秋冬养阴，人应顺应四时的变化规律，达到机体与自然界的相互协调和平衡，从而达到养身调神的效果。

　　自然是按照一定规律不断运动变化着的，而四时变更交替是最主要的特点。一年四季的天气是春温、夏热、秋凉、冬寒，而与此相对应的是生物的春生、夏长、秋收、冬藏。人类生活在大自然中，四时气候变化，对人体的生理、病理以及疾病的预防等，都有很大的影响。精神和身体适应自然四时的变化，与之安然相处，心情愉快，则能长寿。

　　在长久的人类进化过程中，人体逐渐地养成了一种可以根据天气变化而进行调节的能力。气温下降时，给皮肤供应血液的动脉会收缩，降低皮肤温度，防止热量过度散失。当气温上升时，血管会扩张，血流量增加，血流加速把体内热量送到皮肤，使散热加快，最终达到人体热量的平衡。

天气的变化也会诱发一些疾病。像感冒就跟天气的变化有密切关系，它在春季和冬季表现得最为明显。而天冷或者天热，稍不注意，剧烈的降温或者是温度的骤然升高，都会导致人体的热量平衡被打破，如果人的适应能力调整不过来就会生病。所以，平时应关注天气的变化，特别是多收听天气预报，掌握未来的天气形势，做好防寒保暖的工作。

人类不仅受到天气变化的影响，也能够巧妙利用天气变化，来达到保健的目的。例如，天晴时，晒晒太阳有利于维生素D的形成，从而促进钙的吸收；雷雨过后，空气中有大量负离子，有润肺保健之功效；缺少阳光的阴雨天易抑郁，要多参加一些有意义的活动来调节自己的情绪；高温高湿的桑拿天易胸闷，除了可穿一些宽大、轻盈的衣服，还可以调整居室的温湿度，让自己清爽。

天气影响着人们的生活，无论是吃穿住行都必须结合天气变化来进行调整。本书的内容，就是通过对自然、气象的了解，来学会与之和谐相处的技巧，进而达到养身、养心、养神、养生，促进健康的目的。

郑州市气象局局长 王邦耀

序

五、天气与疾病

六、人与气象

七、日常生活与气象

一、春季

"春捂秋冻"为哪般

　　谚语"春捂秋冻"意为春天不要忙着减衣服，秋天也不要忙着添加衣服。作为老祖宗传下来的养生"法宝"，它可是大有内涵的。

　　在冬天为保暖，人们都穿着厚衣服，身体产热散热的调节与冬季的环境温度处于相对平衡的状

态。春天来到，尽管气温转暖，但是我们的血管还处于收缩状态，对外界温度的调节还不灵敏，只有多穿些衣服，即"春捂"才能适应这乍寒乍暖的季节。如果过早脱掉厚衣服，春寒料峭，早晚温差大，身体会比较难适应，导致人体免疫力下降，甚或造成各类呼吸系统疾病。在春天适当穿厚一点，也锻炼了人体的抗热功能，使人体能更加从容地适应即将到来的炎热夏季。

在秋季，天气由炎热逐渐过渡到凉爽。气象数据显示，我国大部分地区秋天的气温较夏天会下降 10% ～ 20%。尽管天气凉爽了，但往往是"凉而不寒"。特别是季节刚开始转换时，还会有"秋老虎"这样的酷热天气出现，过多过早地增加衣服，一旦气温回升，人体出汗遇风，就很容易伤风感冒。再说适当冻一下，人体的体温调节中枢也会得到锻炼，人体的抗寒能力就会增强，为接下来适应寒冷的冬季气候打下基础。

当然，凡事皆有个度，"春捂秋冻"是相对而言的。如果天气变化剧烈，春末的时候气温升高了，那就该减衣服，别捂出病了；秋末的时候，寒意阵阵，穿得过于单薄，就会被冻坏了。

"四月飞雪" 须注意

"四月飞雪" 就是春天杨花和柳絮（以下简称杨柳絮）在春风中纷纷飘舞的样子。这场景看起来挺美，但杨柳絮却是重要的过敏源，被人吸入鼻腔后，不仅会引起流鼻涕、咳嗽和哮喘等反应，还会引起皮肤过敏，出现皮肤瘙痒、眼结膜发红等症状。杨柳飞絮现象一般发生在每年的 4 月至 5 月中旬，根据气温变化，有时候早一些，有时候晚一些。对杨柳絮过敏者要学会保护好自己。

过敏体质者要远离杨柳絮，尤其是哮喘病人。户外活动时，尽可能选在杨柳絮最少的时候外出，如清晨或阵雨之后。外出时做好防护，最好戴上口罩和太阳镜，穿着长袖衣服，防止杨柳絮入眼上身。回家后记得把身上的杨柳絮清理干净。

被杨柳絮迷眼后切忌用力揉。杨柳絮触及皮

肤，会引起皮肤瘙痒，抓挠时要轻触，不要用坚硬的指甲去抓，以免诱发皮肤感染出现炎症。一旦出现咽喉发痒、干咳、打喷嚏和发烧等症状，要及时就医。

为何"春眠不觉晓"

　　冬天，由于外界气温低，人体为了抵御严寒，皮肤长时间处于"收敛含蓄"状态，血管收缩，减

少体热的散发，以维持体温。因体表血管的收缩，内脏器官的血流量增加，供给大脑的血液也相对增加，使大脑细胞供氧量充足，所以人在冬天感到精神焕发，头脑清醒。但到了春天，气温逐渐回升，天气变暖，气压往往相对较低，人体生理机能也随之变化，皮肤血管和毛孔逐渐扩张，皮肤里的血液循环旺盛起来，而供给大脑的血液和氧气就相对减少，导致脑神经细胞的兴奋程度相对降低，人的注意力就不易集中，因而反应相对迟钝，易感疲劳。另外，春天太阳直射点逐步北移，白昼变长，黑夜缩短，所以人们常有困倦之感。

据科学家分析，春天到来，人们的活动时间明显增多，人体内维生素 B 的含量就显得不足。维生素 B 担负着刺激神经活动的"重任"，其量不足，神经则怠惰。还有人认为生物钟节律的变化，也是春困的重要原因。欲战胜春困，并不一定要增加睡眠时间，而应该做到早睡早起、起居有序，特别应注意坚持体育锻炼，经常到室外参加各种活动，以提高人体适应季节更迭的能力。

春季要防"倒春寒"

"倒春寒"是指初春（北半球一般指3月）气温回升较快，而在春季后期（一般指4月或5月）

气温较正常年份偏低的天气现象。倒春寒主要是由较强冷空气频繁袭击，或长期阴雨天气等原因造成的，可以导致大范围地区农作物遭受冻害。

倒春寒发生时，气温骤然下降，空气寒冷而干燥，直接影响人们呼吸道黏膜的防御功能，人们全身的抗病能力整体下降。因此，春季是流行性感冒（流感）、流行性脑脊髓膜炎（流脑）和病毒性肝炎等多种传染性疾病流行或复发的季节，同时，呼吸系统疾病和心脑血管疾病患者也明显增多。

要预防"倒春寒"的袭击，应注意根据天气变化，注意防寒保暖，适时、适度增减衣物。当阳光明媚、天气晴朗时，要多到户外参加体育活动，由此增强机体的免疫能力和抗病能力，保证大脑、心脏等重要器官的血液循环，使人精力充沛，也可减少心脑血管疾病的发生；还应讲究科学的饮食和起居，室内要经常开窗通风换气，尽量避免在人群密集的区域逗留，安全度过天气多变的春天。

梅雨季节防发霉

梅雨季节天气高温而潮湿，家里吃的、穿的、用的很容易就发霉了，那么梅雨季节如何防霉呢?

　　一般来说，梅雨天要将上风方向的门窗关闭，开启下风方向的门窗，以减少水汽进入屋内。待天气转晴时，可打开所有的门窗，以加速水分蒸发。必要的时候，还要用吸湿器，把家里的湿气吸走，防止物品霉变。

　　梅雨季节食物易发馊或霉变，所以每顿饭不要做太多，够吃即可。没吃完的饭菜应及时冷藏，并在食用前彻底加热。

　　衣服存放时，应洗净、晾干后再放入衣柜。含有水分的话，会导致霉菌或虫卵大量繁殖。如果空气潮湿，衣物晒不干，可以用烘干机烘干。衣柜里可放些防霉防蛀剂，还可以放些活性炭来吸湿、除湿，降低室内湿度。

　　当雨天空气湿度大时，电视机易出现图像和声音模糊不清等现象，甚至发生短路。所以，大家电要摆放在通风位置，容易受潮霉变的器材须用软布擦拭干净后存放干燥箱保管。

　　家具也会有霉变现象。如果出现水珠，可用干布进行擦拭。而对于皮质家具，除尘后，还要涂擦专用的保养油。对于布艺沙发和地毯，除定时清除其表面的灰尘，还要及时在天气晴好时晒一晒。

春光明媚话养生

春天，温暖和风，气温适中，万物苏醒，草长莺飞，细菌、病毒等微生物也繁殖传播极快，易引起流感、肺炎、支气管炎、流脑、猩红热、腮腺

炎、红眼病，以及病毒性心肌炎等疾病。所以，日常生活一定要讲卫生，衣被勤换勤洗勤晒，家里的窗户也要及时开窗通风，筑起预防大堤。

春天人体新陈代谢旺盛，饮食应当以富含营养为原则。考虑到春气升发，食物养肝也很重要。一般说来，可多食豆腐、鸡肉、瘦猪肉、鱼类、蛋类、花生、黑芝麻、山药、红枣、核桃和银耳等富含蛋白质、维生素和矿物质的食品以改善体质，充沛体力。春季还应当多吃些新鲜蔬菜或野菜，如春笋、春韭、油菜、菠菜、芹菜、荠菜、马兰菜、枸杞头和香椿芽等。

春暖花开，是早起锻炼的大好时光。春天多锻炼，会增强人体的免疫力与抗病能力。根据体质，可选择散步、慢跑、打太极拳和游泳等项目，当然以不出汗为宜。但春季早晚温差较大，要注意保暖。

春天养生，要保持乐观开朗的情绪，要做到心胸宽阔，豁达乐观。在春光明媚的日子，百花盛开，多去户外游春赏花、散步踏青、陶冶性情、振奋精神，使肝气顺达、气血调畅，起到防病保健的作用。

花粉过敏惹人恼

春天，各种花儿次第开放，争芳斗艳，姹紫嫣红，甚是好看。但对于花粉过敏人群来说，这赏心悦目的良辰美景，对他们则意味着是一种痛。

资料显示，花粉直径一般在 30～50 微米，飘散到空中被过敏体质的人吸进呼吸道内，或者是触及到了，就会产生过敏反应。花粉过敏者通常会打喷嚏、流鼻涕、流眼泪，鼻、眼及外耳道奇痒，严重者还会诱发气管炎、支气管哮喘等疾病。皮肤接触过花粉以后还会出现红斑、丘疹、细小鳞屑，有瘙痒感或灼热感。

花粉过敏者，上午症状比晚上严重，干燥刮风的天气还会加重，室内比室外症状稍轻。因此，为了预防花粉过敏，在百花盛开的季节，白天尽可能待在室内，特别是花粉指数高的时候，尽量关闭门窗，而且还要保持居室空气湿润。也不要在室外晾晒衣被，否则容易沾染花粉。做户外活动时，尽可能选在清晨、深夜，或是一场阵雨过后，这时候花粉指数通常会较低。如果实在需要外出，那就穿长袖衣服，戴好口罩，或头部罩透明纱巾。为减少花粉的影响，外出回家后应及时洗手、洗脸、洗头。

春季护肤有妙招

　　春天来了，气温上升，万物苏醒，皮肤的新陈代谢也会变得活跃起来，像皮脂腺和汗腺的分泌物也日渐增多。按理说，这个季节温度和湿度都非常适中，人的皮肤也会显得白皙有光泽。但是别忘

记了，北方的春天风沙大，花粉、灰尘和细菌等都随春风到处飘散，有时候天气还会作怪，如春寒料峭什么的，这都会给皮肤带来不利的影响，容易引起过敏性皮炎和斑疹等皮肤病。

春天，外出归来，应仔细清洁皮肤，及时洗手、洗脸、洗澡，把皮肤表层堆积的角质以及外出沾带的灰尘、细菌等统统洗掉，促进表皮新陈代谢，让皮肤自由呼吸。但需要注意的是，洗脸要用温水洗脸。洗澡时，要好好清洗膝盖与肘部等关节部位的皮肤；洗澡后，有必要的话还要按摩脸及四肢，既可让身体放松，还能够让皮肤饱满。

人的皮肤在春天是非常娇嫩的，太阳光照射过多，皮肤往往会出现晒斑。而春天气候的一个显著特点就是紫外线强烈，所以外出时要擦防晒霜，避免晒伤。

春天气候干燥，要记得及时给身体补充水分。水被细胞吸收，肌肤就会变得更加细嫩柔滑。肌肤缺少弹性的人，尤其需要注意每天多喝水。

保养皮肤的同时，生活也要有规律，应保证充足的睡眠，不要熬夜，学会做自我调节，避免过度紧张，保持轻松愉快的心境，这样才能使皮肤显得更加红润而富有弹性。

沙尘天气危害大

　　每年春天，尤其是在北方，经常会出现大风沙尘天气。资料显示，沙尘天气可引起眼睛疼痛、

流泪，还会引起呼吸系统疾病。

据了解，我国 2000 多年前的史书上就有关于沙尘天气的记载。但对于沙尘天气绝非无能为力，可以从以下几个方面进行预防。

春天天气暖和，人们都喜欢开窗透气。但遇到大风沙尘天气还是不开为妙。遇沙尘天气时，室内可以使用加湿器，以及通过洒水、拖地等方法保持空气湿度适宜。

大风沙尘天气外出，会吸入沙尘，不利于呼吸系统的健康，所以尽量减少外出活动。如果非要外出，要戴好帽子、眼镜和口罩，把自己"武装"起来，减少与沙尘的接触。沙子进入眼睛，也不要盲目揉眼，否则会造成感染发炎。外出归来，要及时更换衣物和清洁头发等，及时做好清洁，避免引发发炎等症状。

春季风大会加速身体水分的缺失，因而会造成皮肤粗糙，所以要经常补充水分，减少水分流失带来的一些不利影响。

好风凭借力，送我上青天

　　放风筝是一项传统的体育运动。"草长莺飞二月天，拂堤杨柳醉春烟。儿童散学归来早，忙趁东风放纸鸢。"（《村居》清·高鼎）说的就是孩童欢

快地在春天放风筝的景象。

当阳春万物复苏之时，风和日丽，草木竞秀，风筝在天空随风欢快地飞翔，人们为了牵引风筝奔跑，呼吸新鲜空气，晒晒阳光，舒展筋骨，可以促进人体的新陈代谢，改善血液循环状态，起到祛病强身的效果。

风筝在蓝天白云间翻腾，人的眼睛随风筝而动，可调节视力，消除眼肌疲劳，预防近视。放风筝，需要手脑协调配合，张弛有方，对健脑益智大有裨益。当看着风筝越飞越高，那种成就感，那种得以释放的快感，真是无比欢畅。

但放风筝也要注意安全，要选空旷的场地，远离人群和高压电线。风筝线材质很细，在放飞时可以戴手套保护自己，时刻注意周边环境，不要让风筝线割伤来往的行人。

二、夏季

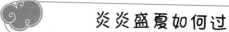

炎炎盛夏如何过

每当进入盛夏，炎热的天气给人们的日常生活带来了诸多不便。当气温 >33℃、相对湿度

>70%时，人体的热量不易散出去，体温就要增加。这不仅不利于人们的日常活动，还会导致中暑虚脱，甚至死亡。那么究竟怎样才能科学地度过盛夏呢？

科学饮食，防暑降温。炎炎夏日，饮食应以清淡、营养、易消化为宜。应常吃些绿豆粥、莲子粥、凉面、凉菜、凉粉等清凉爽口食物，同时适当吃些瘦肉、鸡蛋、鱼、咸鸭蛋，以补充身体的需要。合理饮食，多选择有消暑解毒、生津止渴功效的食物。比如水果、蔬菜应选择新鲜汁多、清热消暑的西瓜、黄瓜、西红柿等。由于高温的刺激，有些人会食欲不振，营养吸收减少。为了增强食欲，可适当食用些姜、醋、苦瓜、大蒜等醒脾健胃之品。最好少食或不食辛辣荤腻之品，如辣椒、烈酒等。常喝绿茶、绿豆汤、淡盐开水、酸梅汤、菊花茶等清凉生津饮料，有益解暑降温。

早睡早起，生活规律。盛夏应保持室内干燥、卫生、通风，这样，可有效降低室温。遵循古人早睡早起的规律，暑天黎明，天气凉爽，空气清新，早晨活动，如打太极拳、做操、跑步、练气功、游泳等，有利于人体阴阳调和，振奋精神，还能增强食欲。夏季昼长夜短，要养成午睡的良好习惯，它有利于大脑和体力的恢复，可提高学习和工作效率。有些人为了图一时凉快，昼夜不停地直吹电扇或整夜空调降温，易导致头痛、发热、恶心呕吐、腹痛腹泻等"阴暑"之症。应根据每个人的身体素质，避免电扇直吹，适当使用空调。另外，睡前最好洗温水澡，既能降温又有利于入睡。

勤洗勤换，合理着装。 夏季应选择既凉爽又透气的丝棉服装。这种衣料可使积聚在身体表面的热空气易于散发，而湿度较低的空气又能不断流入使人感到凉爽。衣服的款式应宽大灵活，领口、袖口宽松方便，有利于热空气散出。在色泽方面应以白、淡黄、湖蓝、浅绿、银灰色为宜，可减少衣料对紫外线的吸收。盛夏酷暑气温高，出汗多，最好每天洗澡，衣衫等也应每日换洗，以预防皮肤病的发生。

总之，科学合理地安排好衣食住行，会使你的夏日生活、学习、工作比较舒畅地度过。

"情绪中暑"要预防

　　高温酷热的盛夏给忙碌的现代人带来的不仅仅是身体不适，情绪的困扰也日益明显。"盛夏情

感障碍症"越来越引起人们的关注，心理学家称之为"情绪中暑"。

"情绪中暑"的主要症状是心情烦躁、易动肝火、好发脾气、思维紊乱、行为异常、对事物缺少兴趣，不少人常因微不足道的小事与他人闹意见，自己也觉得内心烦躁，不能静下心来思考问题。专家指出，在正常人群中，约有 16% 的人在夏季会发生"情绪中暑"，尤其是气温超过 35℃、日照时数超过 12 小时、相对湿度高于 80% 时，"情绪中暑"的比例会急剧上升。"情绪中暑"对人的身心健康十分有害，对于某些疾病的患者来说，一旦受到不良刺激，常会使病情加重。因此，夏日高温季节应注意自我心理调节，保持良好的精神状态，建议做到以下四点：

要重视盛夏的饮食起居。大热天时，应尽量增加休息时间。饮食宜清淡，少吃油腻。要多饮水，以调节体温，改善血液循环。多吃"清火"的食物和饮料，如新鲜蔬菜、水果、绿茶、菊花、金银花等，都有良好的"清火"作用。同时，要少吃辛辣的食物，少饮烈酒，不抽烟。

要避免在最炎热的时候外出，同时也不要在封闭的空间中待得过久。居室要注意通风，通风可以迅速散去人体周围的热气及减少空气污染，使人产生"凉快"的感觉。特别是早晚室外气温相对低时，宜打开门窗。中午室外气温高，宜将门窗紧闭，拉上窗帘，启动风扇或空调。

要注意心理调节。在炎炎夏季要"静心、安神、戒躁、息怒"。遇到不顺心的事，要学会情绪转移"冷处理"。

要有一点幽默感。幽默既可给生命带来欢乐，又能淡化矛盾，舒展心绪，消除苦闷，使紧张的神经在幽默的话语中松弛，起到自我宽慰的作用，有利于维护良好的情绪。

两招预防热伤风

　　夏天，天气炎热，人体毛孔开放，汗液外泄，此时正是机体抵抗能力下降时期，如果不慎受凉，

机体的调节机制会使毛孔突然闭塞，热和汗不得外泄，热郁于人体，就出现了热伤风。

热伤风虽然也是感冒，最主要的症状就是发热，但却不会明显地怕冷，这和春、秋季流感有明显区别。热伤风常在出汗后热度依然难减，再加上外界高温逼人，所以患了此病会非常难受。

预防热伤风要从两方面入手：一方面要睡眠充足、饮食得当、多喝水，进行适量运动，保证足够的抵抗力；另一方面要注意避免忽然受凉。

日常生活最易引起热伤风的行为之一是猛吹空调，特别是在酷热的室外忽然进入低温的空调房时容易受凉。所以，应尽量减少待在空调房的时间。从室外进入室内，不要着急打开空调，并且空调的温度不要过低。根据科学研究，对于人体最适宜的空调温度白天不宜低于26℃，晚上睡觉控制在28℃并伴有除湿状态最好。另外，炎夏里用冷水洗澡、洗头，在风口下睡觉等贪凉的行为应该避免，这些都会导致热伤风。

烈日当头要护眼

　　眼睛是人身体上非常娇嫩的器官。夏季太阳光线强烈，长时间户外活动会感到阳光刺眼，让人很不舒服，也容易使眼睛受到损伤，许多视力方面的问题都与阳光中的紫外线有很大关系。经常在烈日之下，能够引起角膜、晶状体的损害，还会发生视网膜病变。有证据表明，紫外线能损伤视网膜，包括其神经细胞。眼睛长时间暴露在阳光下能够引起中心视网膜的病变，并使人们的中心视野出现盲点。角膜是眼球表面瞳孔前面一层透明的薄膜，白天晒太阳较多时，夜间醒来会感到眼睛疼痛，这是因为角膜被紫外线烧伤了，其性质与皮肤被阳光烧伤是一样的。虽然我们现在不能准确地知道紫外线对眼睛损害的范围及其大小，但人们在太阳下活动时要保护自己的眼睛，这一点是毋庸置疑的。夏季戴太阳镜可以避免阳光刺目，减少紫外线对眼睛的伤害，优质太阳镜应能过滤 75% 以上的可见光。因此，外出时，应戴大檐帽子和深色墨镜来遮蔽紫外线。老年人戴太阳镜，可有效预防患白内障。

购买太阳镜时应选择表面有过滤紫外线涂层的镜片，或者是像镜子反光的那一种，效果最好的是偏振镜。过滤紫外线效果好的镜片颜色是灰色，它能使人们更好地分辨颜色；其次是茶色，再其次是绿色。暗绿色的太阳镜可吸收较多的红外线和紫外线，蓝色太阳镜会干扰人们的视力，影响人们分辨交通信号的颜色，故不宜使用。即使一般的眼镜，也会滤掉一部分紫外线，大镜片要比小镜片效果好。

防晒误区须谨慎

阳光灿烂的日子，总给人张扬美丽的向往。女孩儿们总愿在夏天延伸青春活力的"翅膀"。可是许多人不晓得烈日炎炎之下使用防晒品的常识，常常陷入某些误区。

生活中，大家认为只有在阳光强烈时才需要使用防晒用品，这是把紫外线与阳光等同看待了。其实，阳光中的紫外线，即使在薄雾、阴天和有云层的天气，也照样存在，因此，时时都要注意防晒。即使在夏天以外的季节，紫外线也会夺走肌肤水分，破坏肌肤组织，因此，防晒是一年四季都要做的功课。"防晒用品的防晒指数越高，越能提高防晒效果"，这种说法是错误的。防晒指数过高的防晒用品容易阻塞毛孔，给肌肤带来过度的负担，不适合天天使用。一般的防晒用品抗汗程度为30

分钟，防水程度为 80 分钟。如长时间在阳光下，应该每隔 1 小时涂擦一次。

另外，有的人认为，防晒是年纪稍长的人才做的事情，这显然是片面的。年轻人的肌肤比老年人的更容易受紫外线伤害，只是积累的伤害在年纪稍长时才显现出来，比如色斑、皱纹等，因此，常常被人忽视。

夏季护发防脱落

一年四季，夏天头发最容易脱落，因此，这个季节应注意保养头发。其方法有：

少食冷饮。夏天过多食用冰棍、冰淇淋等冷饮，头发容易脱落，应多喝些白开水。

注意体内蛋白质的供给。蛋白质是生成和营养头发所必需的物质，通常肉类食物中含量较多，但在夏天由于天气闷热，人们喜欢清淡的食物，对肉类食物的摄取相对减少。如果人体的蛋白质供给不足，头发就容易脱落。因此，夏天应注意对蛋白质的摄取，多吃些含铁、钙、维生素 A 等对头发有补充营养作用的食物，如牛奶、鸡蛋、瘦肉、鱼类、豆制品、芝麻等。

避免强烈的阳光照射。夏季阳光强烈，紫外线直射头部，热辐射对头皮产生很强的刺激，容易造成头发的损伤脱落。所以在夏季，应像保护皮肤一样保护头发免受日晒的伤害。外出时，最好戴遮阳帽或撑遮阳伞。

注意头发的清洁。夏季气候炎热，人体容易出汗，再加上空气中灰尘多、湿度大，因而头皮上的病菌繁殖快，使对头发的清洁难以彻底，头部一旦发生皮肤病，便会出现严重的脱发现象。因此，在夏季应勤洗头。但要注意，清洗时应彻底消除头发上残留的洗发液，以免伤害头发以及头皮。

烈日炎炎话养生

　　人体的新陈代谢在夏季非常旺盛。夏季阳气外发，气血运行亦相应地旺盛起来，于是皮肤毛孔开放，汗液排出，通过出汗调节体温，以此来适应暑热的气候。但是在炎热的夏季，人体易出现全身乏力、食欲不振、出汗、头晕、心烦、昏昏欲睡等症状，甚至被中暑、腹泻等疾病所困扰。所以，夏季养生重在清心解暑。

　　夏季天气炎热，人往往会因烦躁而大发脾气。并且，因为高温对体能消耗很大，所以夏天尽可能少做剧烈运动，多参加一些调养身心的活动。特别是避免在阳光下长时间地劳作或者进行高强度的运动，以免因为体内水分流失过快而中暑。夏天最好的运动项目之一是游泳。游泳可以直接消暑，使人神清气爽，运动量再大都不会有中暑危险。

　　夏季的饮食应以清淡质软、易于消化为主，适当吃一些养肝护肝的酸性食物，少吃高脂厚味及辛辣上火之物。清淡的养生饮食能清热、防暑、敛汗、补液，还能增进食欲。多吃新鲜蔬菜瓜果，既可满足所需营养，又可预防中暑。还可适当饮些清凉饮料，如酸梅汤、菊花茶等。但冷饮要适度，不可偏嗜寒凉之品，否则会伤害肠胃。

护肤防晒是关键

夏季，汗液与皮脂的分泌增加，皮肤表面的代谢产物增多，过多的汗液又造成皮肤的酸度下降，抗病能力减弱，容易导致各种皮肤表面的感染。加上气温过高，皮肤上可能出现痱子。所以，在炎热的夏季，经常洗浴，避免过多的汗液和分泌物刺激皮肤，是皮肤保健的关键。

夏天温度高，皮肤水分极易蒸发，往往需要补充水分。在使用保湿类护肤品的同时，要多喝水。夏天补充的水分，要比平时多一倍为好。喝水多的话，为防止体内电解质紊乱，可适当在水里加点食盐。

炎炎夏日，烈日当头，紫外线很强，对皮肤伤害也大。过强的紫外线能破坏皮肤的细胞，引起皮肤浅表面的血管扩张、充血，导致皮肤癌等皮肤病患。而且长时间的紫外线照射，皮肤会有大量的色素颗粒沉淀，皮肤因此会变得较黑。因此，夏日外出可戴上遮阳帽、遮阳镜，穿长袖衣服，裸露的部位涂上防晒霜。如果不小心皮肤被暴晒过久，出现发红、有灼痛感等症状，可用毛巾蘸冷水轻轻擦敷，有减轻和缓解皮肤晒伤的作用。如果症状较重，应及时就医。

夏季饮食保肠胃

　　夏季气温较高，人体会大量出汗，然后就会大量喝水，胃酸稀释以后，胃口就会出现问题，进而诱发肠胃问题。有的人还爱在炎炎夏季大吃特吃过凉食物，暴饮暴食之后导致腹泻。

　　夏天气温高，湿气重，人体容易受到伤害。按照中医的说法，外湿入内，使水湿固脾，脾胃升降，运化功能产生障碍，就会积水为患。所以，夏季饮食保养肠胃要吃利水渗湿，苦、酸性的食物。

　　苦味食物，能清泄暑热，以燥其湿，便可以健脾，增进食欲。夏季，要适当多吃一些苦味的食物，如苦瓜等。味酸的食物能收能涩，夏季汗多易伤阴，食酸能敛汗，能止泄泻，如西红柿具有生津止渴、健胃消食、凉血平肝、清热解毒的功效。

　　夏季食欲减退，脾胃功能较为迟钝，此时食

用清淡之品有助于开胃增食、健脾助运。如果过食肥甘腻补之物，则损胃伤脾，影响营养消化吸收，对健康不利。因此，夏季饮食宜注重选择绿豆、西瓜、莲子、荞麦、鲫鱼、蜂蜜和牛乳等。

夏天，胃的消化功能明显减弱，吃得过饱，消化不了，容易使脾胃受损，导致胃病。如果吃八成饱，食欲就会继续增强。所以，夏季饮食切忌暴饮暴食。

盛夏保健防误区

夏季气候炎热，昼长夜短，相对其他季节而言，人们在衣食住行各方面更应注意养生保健，但或习惯使然，或主观臆想，或受误导，不少人夏季保健的观念和行为常常出现误区。

误区之一：太阳镜颜色越深越能保护眼睛。夏季行走或骑车，戴上太阳镜的确感到一种"凉意"，尤其是中午烈日炎炎，许多人都认为太阳镜颜色越深越能保护眼睛。其实，镜片颜色过深会严重影响能见度，眼睛因看东西吃力而容易受到损伤。专家建议，夏季选择太阳镜的标准是镜片应能透过 15% ～ 30% 的可见光线，以灰色和绿色为最佳，这样，不但可抵御紫外线照射，而且视物清晰度最佳，透视外界物体颜色变化也最小。

误区之二：越是天热越要少穿衣服。一般来

说，夏季衣服覆盖面积越小，身体散热也愈快，因而愈觉得凉爽。但也不能一概而论。赤膊只能在皮肤温度高于环境温度时，增加皮肤的辐射、传导散热；而盛夏酷暑之日，当外界气温超过37℃时，皮肤不但不能散热，反而会从外界环境中吸收热量，因而打赤膊会感觉更热。因此，越是暑热难熬之时，男人不应打赤膊，女性也不要穿过短的裙子。

误区之三：夏天喝啤酒能解暑。不可否认，大热天，当冰镇啤酒喝进嘴里时，的确有一种凉爽的感觉。但是多喝照样能使人感觉口干咽燥、全身发热。虽然啤酒的酒精含量少，但如果一次喝得过多，进入人体的酒精总量也与白酒差不多。夏天天气炎热，人体出汗较多，消耗也大，易疲乏，如果再不断地喝啤酒，由酒精造成的"热乎乎"的感觉也会持续不断，口渴出汗现象将更加厉害。这不仅达不到解暑的目的，反而会降低人的思维能力。

误区之四：夏季晨练越早越好。夏季因为天热，许多人都认为晨练越早越好。其实在天亮之前或天蒙蒙亮时，气温确实较低，但空气却未必清新。据

专家研究，夏季空气污染物在早晨6点前最不易扩散，此时常是污染的高峰期。人们普遍喜欢在草坪、树林和花丛等有绿色植物生长的地方进行晨练，而日出之前，因为没有光合作用，绿色植物附近非但没有多少氧气，相反倒积存了大量二氧化碳，这对人体健康显然是不利的。此外，过早晨练极易患伤风感冒，也易引发关节疼、胃病等病症，所以夏季晨练的时间不宜早于6点。

　　误区之五：空调应保持恒温状态。许多家庭在夏季使用空调时，都将温度定在某一个值上，以尽可能地使居室保持恒温或准恒温状态。其实，医疗气象学家通过试验发现，不断调节居室温度，可以使人的生理体温调节机制不断地处于"紧张状态"，从而逐渐适应凉度的变化，提高自我保护能力，不致经常感冒或患其他因室内温度变化而引起的疾病。利用空调进行温度调节时，整个居室的温度变化幅度应控制在 3～5℃；半个月后，幅度可逐渐提高到 6～10℃。温度变化也不要太突然，而是要平稳地提高或降低。

误区之六：夏季冲凉最舒服。这里所言"冲凉"，并非泛指冷水浴，而是指人大汗淋漓时拧开自来水龙头就冲洗的降温方法。这种"快速冷却"的冷水浴，常常会"快活一时，难受几天"。炎夏，人们外出活动时吸收了大量的热量，人体肌肤的毛孔都处于"张开"的状态，而冲凉会使全身毛孔迅速闭合，使得热量不能散发而滞留体内，从而易引起高热症；冲凉之时，因脑部毛细血管迅速收缩，也容易引起供血不足，使人头晕目眩，重者还可引起休克；冲凉过后，人体抵抗力降低，感冒也容易"乘凉而入"。因此，夏季外出回家，应先让自己出汗，待身上的热量散发过后，再用毛巾擦拭，或采取一些降温措施。

三、秋季

气候凉爽防"秋乏"

在不同的气温、湿度和气压等综合气象条件下，人体会有不同的反应，这种生理变化实际上是身体机能的一种自动调节，以维持机体的平衡。炎炎盛夏，人的体温和体表湿度升高，大量出汗使人体内水盐代谢失调，胃肠功能减弱，心血管系统负担增加，神经紧张活动增加，若再加上睡眠不足和环境恶劣，人体过度消耗的能量不能及时有效得到补偿，便失去了较多的"老本"。

秋季，气候凉爽宜人，人体出汗减少，体热的产生和散发以及水盐代谢也逐渐恢复到原有的平衡状态，心

血管系统的负担得以缓解，消化功能也恢复到常态，人体能量代谢基本达到了稳定的程度，进入一个周期性的休整阶段，人体也因此感到非常舒适，处于松弛状态，不过机体却有一种莫名的疲惫感。这种状况就是"秋乏"。它是补偿盛夏季节带给人体超常消耗的保护性反应，也是机体在秋季气象环境中得以恢复的保护性措施。

虽然经过一段时间的调整与适应，"秋乏"会自然而然地消除，但为了不至于因此影响工作和生活，最好还是采取相应的防治措施。

首先是进行适当的体育锻炼，增强体质。体育锻炼可增强人体的有氧代谢能力，改善机体新陈代谢过程，增强血液循环和呼吸功能，对中枢神经系统、内分泌系统以及免疫系统功能也有良好的刺激作用。但秋季锻炼一开始强度不宜太大，应视身体状况逐渐增强，切不可过度运动，否则将会增加身体的疲惫感，反而不利于身体的恢复。

其次，保证充足的睡眠。睡眠不仅能恢复体力，保证健康，还是提高身体免疫机能的一个重要手段。所以要遵照人体生物钟的运行规律，养成良好的睡眠习惯，做到起居有常，保证每天都有足够的睡眠时间。

秋季需要预防的疾病

秋季气候干燥，气温多变，加之夏天人们的体力、精力消耗较大，体质相对较弱，所以要高度重视秋季疾病预防。

肺炎秋燥症的预防。入秋时节，因空气湿度降低，人体容易出现秋燥，而秋燥对人体危害最大的部位是肺部，表现为咽干口燥、鼻痒、便秘等。因此，应积极加强锻炼，增强肺功能，预防肺炎的发生。饮食方面，应少吃辛辣食物，多吃养阴润肺的食物，避免燥邪伤害。

气管炎的预防。秋天空气中过敏物较多，容易诱发气管炎。气管炎的预防，首先要避免与过敏原接触，其次要

保持居室的空气流通，最后要保持良好情绪，同时加强身体锻炼。

抑郁症的预防。"秋风秋雨秋煞人"，一到秋天，人看到凄风泣雨，往往会触景生情，产生悲秋情绪。外在环境的变化，心理不适的人，很容易引发抑郁症。要注意调适，多到户外去，做些自己喜欢做的事情，从中找到属于自己的快乐。

胃病的预防。秋季，受冷空气刺激，胃酸分泌增加，胃肠易发生痉挛性收缩。此外，由于气候转凉，人们的食欲随之旺盛，使胃肠功能的负担加重，导致胃病的复发。预防之道，就是进行体育锻炼，改善胃肠道的血液循环，减少发病机会；还要注意膳食合理，少吃多餐，定时定量，戒烟禁酒，以增强胃肠的适应力。

感冒的预防。秋季天气转凉，由于早晚温差大，感冒指数较高，要适当增加衣物。同时，要多喝水，保持充足的睡眠。

秋季是进补的大好时节，俗话说"秋季进补，冬令打虎"，但进补时要注意不要虚实不分滥补。特别须注意不要贪口舌之欲，暴饮暴食，增加肠胃的负担。

秋高气爽话养生

秋高气爽，天干物燥。在秋天，怎样才能顺应时节变化而达到养生的目的呢？

秋天，容易出现皮肤与口角干燥、口舌生疮、咳嗽及毛发脱落等现象，这些被称为秋燥。应对秋燥，可适当选服一些以酸、润为主的滋阴润肺的食物。还要记得注意多补充水分及水溶性维生素 B 和 C，多吃水果与绿叶蔬菜。秋天人的食欲普遍增强，加上食材丰富，也是大补的好时节，但要注意别贪吃，以免伤及肠胃。

秋季是过敏性疾病的高发季节，要采取措施避免引起过敏性疾病。秋天的干燥会引起嗓子干涩、皮肤干燥以及诱发感冒等，所以一定要注重给身体补水，避免因呼吸道黏膜充血肿胀而引发疾病。

　　秋季天高气爽，适合进行户外活动。晨跑、游泳、快走、登山和羽毛球等都是很好的秋季户外运动项目。但在运动之后要注意预防因为出汗脱衣而导致的感冒。

　　秋季是收获的季节，但也是"悲伤"的季节。特别是到了秋末，万物萧瑟，多少使人触景生情，产生悲秋情绪。应该调节好自身的精神状态，振作精神，时刻保持乐观向上的心态。

皮肤保养重保湿

　　秋季，天气逐渐转凉，温度下降，会使人体皮肤血管收缩，汗腺、皮脂腺的分泌减少，当角质

秋季皮肤保健

层含水量过低时，皮肤就会变得粗糙，失去弹性，从而产生脱屑现象。因此，秋季护肤，要饮足够的水，避免因体内缺水而引起皮肤干燥。

除了补水，秋天也要多吃新鲜的蔬菜、水果、鱼、瘦肉，尽量戒除烟、酒、咖啡、浓茶及煎炸食品。可多吃些芝麻、核桃、蜂蜜、银耳和梨等防燥滋阴食物，其能较好地滋润肌肤、美化容颜。

秋天看起来天高气爽，但阳光中的紫外线依然强烈，它更容易穿透皮肤刺激黑色素产生，破坏胶原蛋白和弹力纤维，由此肌肤就会在不知不觉中出现黑斑和老化现象。所以对干燥敏感的肌肤，防晒工作不可马虎，外出时记得涂抹防晒霜。

秋天易燥，平时要注意调节情绪，保持心情愉快。同时，每天要保证有足够的睡眠时间。惯于夜生活的人，或者是精神不太好的人，皮肤往往都不会太好。

四、冬季

冬季的衣食住行

气象上称连续 5 日平均气温 ≤ 10℃即为进入冬季,通常冬季指 12 月和次年 1、2 月这三个月。在冬季冷空气的影响下,受寒冷刺激,人的体能下降,尤其是老人,机体衰老,更难适应,易引发感冒、高血压、心脏病、气管炎和胃溃疡等疾病。如何安度寒冬,对老年人尤其重要。

衣:冬季衣服应有利于保暖,颜色以深色为好。深色衣服能吸收较多的太阳辐射能。"寒从脚起",脚的保暖十分重要。老年人最好穿布棉鞋、毛巾袜或厚棉袜。外出要戴帽子、围围巾,防止头部受凉。不少人北风呼啸时才添衣戴帽,但为时已晚。因为降温前一天,即冷暖交替时已种下病根。因此,要注意收听天气预报。

食:要增加糖类、脂类、蛋白质的摄入量,以提高身体的御寒能力。氨基酸对耐寒有帮助，应常吃瘦肉、鸡蛋、鱼、乳类、豆制品、藕等富含氨基酸的食物。此外，冬季食物中容易缺钙，缺钙影响心血管和肌肉功能的正常运作。因此，冬季还应多吃些含钙多的食物。

住：应按时起居，保证充足的睡眠和稳定的情绪。冬天白昼短、阳光弱、室温低，晴天时白天要打开门窗，让阳光射进室内，以提高室温，同时流通空气。有空调的房间，室内温度宜保持在 15 ~ 20℃。

行：冬季应参加力所能及的体育活动，以增强体质和抗寒能力。冬季多大雾，雾天空气浑浊，不宜锻炼。另外，患有严重疾病的人，如高血压、心脏病、脑血管病、肾脏病、呼吸道病、皮肤过敏症等，不宜冬季锻炼，否则受寒冷刺激会加重病情。

室内供暖"暖如春"

　　关于冬季供暖的温度说法不一。《室内空气质量标准》规定，冬季有采暖的场所温度标准值为16～24℃。当室内空气温度为18℃时，50%坐着的人感到冷；温度低于12℃时，80%坐着的人感到冷，而且有人冷得难受，不能坚持久坐，活动着的人也有

20%以上感到冷，室内可居住性很差，有损健康。卫生学将 12℃作为建筑热环境的下限。

气象上把候平均气温 10 ～ 22℃定位为春季，其平均值为 16℃，所以 17℃接近理论中值，代表着春天的温度。如果供暖温度高到 22℃以上，温暖如夏，则冬季供暖温度太高，会使得室内空气异常干燥，燥热环境会影响人体内的温、湿环境，使得人感觉浑身燥热，耳目口鼻喉等处皮肤感觉干涩。如果供热温度低于 10℃以下，则感觉不到温暖，冷似冬天，自然不是供暖的基本目的了。

综上所述，"暖如春"是冬季室内供暖温度的基本标准，按照这个标准来推演，冬季室内温度保持在 15 ～ 19℃的范围是比较合适的。春、秋两季是人们感觉温度最适中的时期，多数人可以通过毛衣的薄厚，结合外套来调节和保持体温。如果供暖温度高于 19℃，利用服装保暖的比重就会偏低。若低于 15℃，过于依赖服装保暖就会影响到室内活动的便利和舒适。

老年人冬天懒些好

中医养生理论认为，冬季是阴气盛极、万物收藏之季，有些生物处于冬眠状态，以待来年春天的生机。《黄帝内经》写道，"冬三月，此谓闭藏""早卧晚起，必待日光""使志若伏若匿""此冬气之应，养藏之道也"。总的意思是说，人要懂得顺应自然规律，冬季正是人体休养的好时节，人们应当注意保存阳气，养精蓄锐。

冬季起居，应该与太阳同步，早睡迟起，避寒就暖，才能不扰动人体内闭藏的阳气。老年人气血虚衰，冬季锻炼，绝不可提倡"闻鸡起舞"。

有气象专家建议，老年人冬天坚持锻炼，一定要选择适宜的天气条件，遇到大风、大雾、雨雪、寒潮天气，不宜户外活动。一般来说，早晨空气中往往滞留着没有向大气上层扩散的有害污染物质，在这样的空气中运动有害无益。因此，建议老年人清晨应在室内稍做运动，待风和日暖之时，再到户外晒晒太阳散散步，做一些缓慢柔和的活动。

　　冬令时节，老年人贵在保持清静安泰的状况，外不使形体疲劳，内没有不稳定情绪侵扰。要做到这一点，就要根据自己的体质、爱好和需要，增加一些室内休闲活动，可在家中养鸟、养鱼、养花用以赏心悦目，或练习书法、绘画、棋艺等。总之，要选择安静闲逸的娱乐休闲方式，参加任何一项活动，都要适度，有所节制，切莫过量过分。既不要

给自己安排紧张集中的家务劳动，也不要超负荷玩乐，因为身体疲劳时抵抗力就会降低。

此外，寒冷可能直接诱发老年人各种疾病的复发或加重，冬季里脑中风、冠心病、急慢性支气管炎的发病率均比其他季节高。老年人抗寒能力差，所以早晚气温低的情况下尽量不要外出，如一定要外出则要格外注意保暖。

冬季防霾须重视

霾中飘浮的细小颗粒物直径一般在 2.5 微米以下，可直接通过呼吸道进入支气管，甚至肺部。受霾影响最大的就是人的呼吸系统，极易诱发呼吸道疾病、脑血管疾病、鼻腔炎症等疾病。预防霾，我们该做些什么呢？

预防霾，外出一定要戴口罩。可选择能够过滤 $PM_{2.5}$ 的专业口罩，而且戴口罩也要注意佩戴方法，在鼻梁处扣紧，使口罩边缘与脸型贴合，切实起到防护效果。

户外锻炼是好事，但霾天尽量不要进行室外运动，特别是一些剧烈的运动，会使呼吸系统负担增大，吸入更多的霾。

霾天应尽量不要开窗，确实需要开窗透气的话，要尽量避开霾高峰时段。此外，室内可配置空

气净化器，有效去除小范围内的粉尘颗粒。

虽然类似吃木耳、猪血能防霾的说辞值得推敲，但在霾天改善饮食确实有必要。饮食宜选择清淡、易消化且富含维生素的食物，平时要多饮水，多吃新鲜蔬果，如梨、枇杷、橙子、橘子等清肺化痰食品。这样除补充身体需要的各种维生素和无机盐外，还能起到润肺除燥、祛痰止咳和健脾补肾的作用。

手足皲裂要预防

　　进入冬季，随着气温下降，人体皮脂腺的分泌也随之减少，尤其是手经常露在外面，散热快，再加上冬季常有冷空气侵袭，手与脚的热量和油脂很快挥发掉了。因此，一到冬天总觉得手脚干燥、起皮，甚至出现红肿、皲裂、流血的症状，这就是手足皲裂。

　　寒冷干燥是导致手足皲裂的主要原因，因此，防寒保暖对预防手足皲裂十分重要。在严寒的冬季，预防手部皲裂，要做到手套随身，常戴手套。足部预防皲裂，尽量穿着疏松、透气、保暖的棉制品。洗手、洗脚时，应该用温水，尽量少用肥皂或药皂，避免皮肤表面的油脂被洗得太彻底，造成皮肤干燥及开裂；洗后要立即擦干，并涂擦凡士林之类的护肤膏。

　　在天气较暖时，可适当做些户外活动，经常摩擦手部皮肤、活动手足部关节，促进血液循环，增强耐寒能力。

　　维生素 A 有促进上皮生长、保护皮肤、防止皲裂的作用，可多吃富含维生素 A 的食物，如胡萝卜、豆类、绿叶蔬菜、鱼肝油、牛奶等。适当补充脂肪类、糖类食物，可使皮脂腺分泌量增加，减少皮肤干燥及皲裂。

冬日负暄益健康

"负暄"意为背对日头晒太阳。阳光温暖大地，它促使动、植物生息繁衍代代相传，是万物之灵。阳光中的红外线、紫外线有其特殊功能，冬日晒太阳有益身体健康。

红外线会使人体受到照射的部位温度升高，血管扩张，血液流动加快，皮肤和组织的营养状况得到改善。同时，还能调整睡眠节律，提升食欲，促进细胞生长，令人心情舒畅。

紫外线能有效地杀灭细菌、病毒，增强免疫能力，可促进机体对钙、磷等微量元素的吸收利用，有利于骨骼的生长发育，防止佝偻病出现。不过，过强的紫外线将削弱机体的抗病能力，导致皮肤癌的发生。

冬日晒太阳时首先要注意时间不要太长，每

天坚持晒太阳 30～60 分钟即可。适当晒太阳，可以活血化淤，促进人体对钙、磷的吸收，从而达到增强体质的目的。其次要选好时间，06—10时、16—17 时是晒太阳的最好时段。尽量避免在10—14 时长时间晒太阳，因为这个时段阳光中的紫外线最强，容易对皮肤造成伤害。提醒老年人，最好不要独自晒太阳，万一睡着了容易受凉感冒，最好是几个人聚在一起，边晒太阳边聊天，或做些简单的肢体活动，既能舒筋活血，又可调节精神。

天寒地冻话养生

　　冬天是一年四季中最为寒冷的季节，寒风凛冽，草木凋零，有时候还会大雪纷飞，人体的阴阳消长代谢处于相对缓慢的水平。冬天的养生讲究一个"藏"字。

　　人们在冬季要保持精神安静，同时还要加强自我调适，尽力化解由恶劣天气带来的抑郁、悲忧、惊恐等不良情绪的干扰。

　　冬天寒冷，注意要穿暖和，既不要过厚，也不要过少。身体暴露部位如手、耳、鼻、唇等，因血液循环较差，在冬天很容易受到寒冷伤害，外出要选择合适的手套、口罩、耳罩以及围巾等加以保护，防止发生冻疮或被冻伤。

　　冬季饮食要增加热量，保证充足的热能。并且冬季是饮食补养的黄金季节，应多吃一些产热高和温热性的食物，如羊肉、牛肉、鸡肉、虾仁、桂圆、红枣等。

在冬天，日常起居讲究"早些睡，晚些起"。若遇太阳出来应勤晒被褥，并尽可能到室外接受"日光浴"。为了保持室内空气清新，平时宜开窗透气。室内也可盆栽些花草，调节空气湿度。

冬天要多在户外进行各种力所能及的体育锻炼，促进血液循环和新陈代谢，提高机体耐寒及抗病能力。

干冷天为何老"触电"

天干物燥的冬天，在日常生活中常常会碰到一些奇怪的现象：老朋友见面，彼此指端刚刚触及，还未握手时，突然感到指尖蜂蛰般刺痛，令人大惊失色；早上起来梳头，越理越乱，甚至还怒发冲冠，令人尴尬；晚上脱衣服睡觉时，黑暗中除了听到"噼啪"的声响外，还伴有蓝光，令人惊异万分。临床医生还发现一些心律失常的心脏病人，无法查找到器质性病变及诱因，然而建议改穿纯棉衣服之后，心率很快恢复正常。所有这些莫名其妙的怪现象，只不过是静电给我们开的一些小小"玩笑"罢了。

静电是一种不流动的电荷。低湿天气出现时，化学纤维质地的内衣、地毯、坐垫和墙纸等受到摩擦都能产生静电。另外，家用电器使用时亦会产生静电效应或外壳带上静电。

静电令人身体不适，还会引起头痛、失眠和烦躁不安等症状，甚至导致皮疹和心律失常，对神经衰弱者和精神病人危害就更大。

如何消除静电，以下方法简单易行，不妨一试：

增加空气湿度。室内空气相对湿度低于30％时，有利于摩擦产生静电，若将相对湿度提高到45％，静电就难产生了。因此，低湿天气出现时，不妨在家里洒些水，不便弄湿地板的地方，放置一两盆清水，同样可以达到增加室内空气湿度的目的。

电视尽量不放在卧室。电视机工作时，荧屏周围会产生静电微粒，这些微粒又大量吸附空中的飘尘，这些带电飘尘对人体及皮肤有不良影响。因此，电视机不要摆放在卧室。人们看电视时要打开窗户，同电视机保持2～3米的距离，看完之后要洗脸、洗手。

穿棉质衣服。对老人、小孩、静电敏感者、查不出病因的心脏病人、神经衰弱和精神疾病患者等建议在冬季穿纯棉内衣、内裤，以减少静电对人的不良影响。

勤洗澡、勤换衣服。这样能有效消除人体表面积聚的静电荷。

另外，当头发无法理顺时，将梳子浸在水中，等静电消除之后，便可随意梳理了。

冬季护肤多补水

冬天，寒风凛冽，空气干燥，皮肤新陈代谢较为迟缓，皮脂腺分泌减少，皮肤容易变得干燥皲裂。如果不注意精心保养，皮肤会变得暗淡粗糙。

冬季如果要防止皮肤冻伤冻裂，减少冷空气对皮肤的刺激，外出就要戴好防寒的帽子和围巾。在室内的话，如果室内温度高，会使得皮肤干紧，所以也要注意做好室内的保湿工作。可以用加湿器适当加湿，或多养些花草，或摆设鱼缸，既美化居室，又起到保湿作用。

冬天的肌肤需要涂擦更多的保湿乳液，以防止出现皱纹或产生干裂、过敏、脱皮等现象。含有丰富营养成分的滋养保湿乳液可迅速渗透至皮肤里层，保持皮肤内的油脂和水分平衡，保护皮肤的弹性及柔嫩。

　　冬天日晒对皮肤的伤害也不可轻视。冬季，户外紫外线也很强，外出时，应使用含适当防晒成分的护肤品，以达到御寒、防晒、保湿的作用。

　　冬天护肤，还要多喝水，多吃新鲜水果、蔬菜，适量吃些鸡、鱼、肉等食物，以补充体内水分及营养。

冬泳并非人人宜

　　冬季，在我国北方，冬泳作为一项健身活动，以其独有的形式受到了那些勇于挑战自我的爱好者

青睐。

冬泳若能讲求科学性，其好处显而易见。医学研究发现，冬泳运动爱好者的心率明显低于正常健康人；冬泳能减少心肌耗氧量，改善心肌血液供应及肺通气和换气功能，增强心肺功能等。经常参加冬泳活动，不但能增强人体的抗寒能力，而且有利于人体的微循环，提高人体对疾病的抵抗力。

冬泳虽然好处多多，但也并非适合每个人。专家说，16岁以下的少年和70岁以上的老年人由于身体状况特殊，不适合冬泳；精神疾病患者由于缺乏自控能力不适合冬泳；患有严重器质性疾病如心脏病、冠心病、肺结核、肝炎、较严重的高血压病、较严重的肾炎、较严重的胃溃疡等疾病以及呼吸道疾病的人也不适合冬泳；中耳炎患者不能游泳，以免水进入耳朵不易排出，造成中耳穿孔；患有传染性皮肤病的人及患有任何传染性疾病的人，也不适宜冬泳。

五、天气与疾病

关节痛的气象诱因

关节痛是典型的气象病。每当季节转换或气象要素剧烈变化之时，如秋分、春分时节或暴风雨、大雪等来临之前，关节痛患者往往疼痛难忍。关节痛有风湿性、类风湿性、创伤性、化脓性、结核性之分，最常见的是风湿性关节痛。急性发作时关节局部红肿，会出现痛热、无力、运动障碍等症状。

研究表明，大气中的三大基本矛盾，即干与湿、冷与热、气压高与低同关节痛的发作关系最明显。当日变温在 3℃ 及以上，逐日气压变化在 10 hPa 以上，逐日相对湿度变化大于 10% 时，关节痛病人就会多起来。

天气影响关节痛的机制有三：其一，关节痛的发作是各种气象因素综合作用的结果，其中尤以温度影响最大。人体受到阴冷刺激时，皮肤、肌肉的毛细血管收缩，血流变慢，皮肤上出现"鸡皮疙瘩"，身体遇冷时关节部位温度下降最多，细胞的穿透性减弱，代谢过程延迟，滑膜黏度增加，这给关节活动增加了阻力。其二，植物神经系统也起一定作用。如在人工气候室，使气温在短时间内由30℃降到15℃，不但关节痛病人疼痛，正常人也会出现关节痛。如果降温幅度小、时间长，正常人不会疼，而一些风湿病人会疼痛，则说明天气变化通过植物神经起作用。另外，关节痛病人的体温调节机制紊乱。当病人发生疼痛时，关节周围毛细血管血流不均，并有瘀血存在。其三，大气电场对身体也会产生影响。

为了预防天气变化对关节疼痛的影响，应做到以下几点：

加强体育锻炼，提高身体抵抗力。锻炼时关节活动的幅度应由小到大，不要过多而又集中地进行高强度的跑跳活动，以免关节负担过重，导致复发。

讲究个人卫生，保持室内清洁。室内空气要流通，地面要干燥，衣服、被子要勤晒，防止感

冒，以减少诱发因素。

　　合理增减衣服，免受潮湿和寒冷的侵袭。运动后，汗湿的衣服要立即换下，擦干汗水，千万不要图一时凉快，到风口吹风或洗冷水浴。

　　经常按摩病变部位。按摩能缓解神经压力、消除肿胀、分解粘连，使肌肉松弛。

　　病情复发时及时对患病关节做热敷。可用 50%的尖辣椒酊或鲜辣椒擦患病关节，以增强局部血液循环。另外，关节痛患者应懂得，因天气变化而引起的短暂发作，并不表明病情恶化，不要乱用药，尤其不要随意增加激素的用量，如强的松等。

风疹与"风"有关吗

通常说的风疹，实际上包含了两种病理完全不同的病症。一种是风疙瘩，也叫风团、风包，医学名词是荨麻疹；另一种被中医称作风痧，是由风疹病毒引起的呼吸道传染病。病名多含有"风"字，说明风疹与风有一定的关系。但必须说明的是，气象意义上的"风"，并非风疹的致病内因。

荨麻疹的病因比较复杂，其过敏源既可来自体内，也可来自外部。在诸多外部原因中，寒冷是最常见的诱发因素，冷风导致的荨麻疹又称"寒冷性荨麻疹"。寒冷诱发的荨麻疹多发生在受冷以后，一旦患者步入温暖的环境，疹块一般就会慢慢消退。寒冷性荨麻疹往往数年反复不愈，即使在一年中的寒冷季节，只要被寒风刺激数分钟后，局部或全身就会生出大小不一、数目不定、伴有剧痒的水肿性实质性风团，虽然时间一般不长，但也十分恼人（脸部的风团太影响容貌了）。所以，有皮肤过敏史，尤其在寒冷季节里有过荨麻疹史的人，要特别注意预防寒冷性荨麻疹。当有冷空气（特别是寒潮）来临时，要注意保暖，尽量避免外出。

和荨麻疹比较起来，由风疹病毒引起的急性传染病，寒冷天气就并非直接诱因了。风速较大，直接加速了风疹病毒的传播。临床表明，冬、春两季是风疹的多发季节，此病多见于 1～5 岁儿童，

常可形成流行（一般每隔 6 ～ 10 年出现一次周期性大流行）。病人有发热、咳嗽、流鼻涕等症状，偶有腹泻、呕吐、咽痛或头痛。风疹通常最早出现在面部和颈部，一天内可布满全身，呈浅红色斑疹、斑丘疹或丘疹，大小形状不一，可融合成片，四肢较少，躯干部可密集成片。几天后风疹退去，出疹时常伴有淋巴结肿大，有阵痛。皮疹消退时，其他症状亦消失。

　　风疹的病理很复杂，病人是传染源，病毒可以通过空气飞沫传播。发病前、后 5 天，病人口、鼻、咽中的分泌物及血液、大小便中均含有风疹病毒，有较强的传染性。病人在幼儿园、中小学等人口密集地区或看病过程中，可通过说话、咳嗽、打喷嚏传播病毒。如果此时风速较大，就直接加速了带风疹病毒飞沫的传播，扩大病毒的传播范围。所以冬、春时节，尤其是在有风的日子，家长宜少带孩子外出，一旦风疹病毒流行，儿童出门必须戴口罩。

脑血栓的形成与气象有关吗

缺血性脑卒中亦称"脑梗死""脑梗塞"，脑梗塞临床常见类型是脑血栓形成。《中国居民营养与慢性病状况报告（2015）》显示，2012 年全国因脑血管病死亡的人数占总死亡人数的 22.8%。近年来，我国脑卒中仍以每年 9% 的速率上升。为此，医学专家呼吁积极采取措施，降低脑卒中发病率。

在影响脑血栓形成的诸多因素中，气象因素鲜为人知。广东省某疗养院对262 例脑血栓形成的危险因素进行分析

后发现，全年以 12 月至次年 2 月（冬季）发病最多，占 29.1%；夏季次之，占 27.8%。有资料证明，气温、气压、相对湿度直接影响脑血栓形成：相对湿度为 40%～60% 时，发病率最低，平均湿度为 85% 时，发病率最高；气压小于 1009 hPa 时，发病率为 25%，大于 1028 hPa 时，其发病率降到 5%；气温在 18℃时，发病率为 7%，在 30℃时，发病率升至 22%。这说明，温、湿度越高，气压愈低，越易引发脑血栓。

由此可见，气象因素与脑血栓的形成有密切关系：夏季、冬季发病率高，其原因与夏季出汗过多、冬季气候干燥和人活动较少有关。因此，已有脑动脉硬化或高血压、高血脂病史的老年人，在夏季应注意补足水分，避免过多出汗，在冬季应注意多进行运动促进血液循环。气温、相对湿度、气压对脑血栓形成的影响主要是因为高温、高湿、低气压导致血压下降，血流减慢而利于血栓形成。因此，了解气象因素与脑血栓形成的关系，可根据气象预报采取相应的预防措施，从而减少脑血栓病的发生。

气象变化与感冒

在我国很多地方，感冒都被称为"着凉"，可见感冒与天气条件有着密切的关系。作为一种最普遍、最流行的病症，感冒一年四季都会发生，但发生几率的时间分布却是不均匀的，影响这种"几率分布"的主要环境因素就是气象要素。医疗气象学家研究证实，感冒与气象要素的变化关系最大。例如感冒发生的几率与一天中的平均气温有关，但与一天中气温的日较差（即最高气温与最低气温的差值）关系最大。临床实践也表明，每发生一次"天气突变"，主要表现在气温、气压、降水、风和湿度等气象要素的剧烈变化上，一般都是由锋面天气系统带来的，尤其是冬、春季，北方冷空气不时南下，锋面活动更为频繁，常常诱发人体感冒或出现其他病症。气象变化当然包括四季的气候变化，这是一种大尺度的周期性变化，它实际上影响着感冒发病的总体分布，也"决定"着感冒的类型。中医认为感冒主要是由"风邪"所引发，在不同的季节，"风邪"的表现是不相同的：春季为"温"，夏季为"暑湿"，冬季为"寒"。正因为如此，人患感冒的症状就会因季节的不同而有所区别，即所谓的"四时感冒"：风寒感冒（冬季受风寒或春季降温所致）、风热感冒（春天温度高或秋、冬天降温所致）、夹湿或夹暑感冒（夏季湿度大、温度高所致）、夹燥感冒（秋季空气干燥所致）。其中前两种感冒症状是一般的头疼、发热、鼻塞流鼻涕等，而第三种感冒则常伴有胸闷、骨节疼痛症状。

气象与老年病

冠心病是老年人的一种常见病。气温、气压、湿度和风等气象要素的剧烈变化，经常是冠心病发

病的诱因。例如，每年的 3—4 月、11 月至次年 1 月是北京地区心肌梗塞发病的高峰期，这两个高峰期正是天气冷、暖季节的转换期，各种气象要素变化无常。另外，酷热的天气也能刺激冠状动脉产生痉挛，使冠心病人发病。

老年人意外性低温是与气象关系密切的老年病之一。肛门温度在 32～35℃为轻度低温，低于 32℃为严重低温。发生低温时，老年人皮肤蜡白，或呈现白色斑纹，肢体一侧震颤，心律失常，语言不清，呼吸微弱，血压下降，如不及时救治，可造成死亡。在寒冷环境中，由于老年人体温调节功能障碍，使身体散热过多，而得不到热量补充导致发病。寒冷是诱发老年人意外性低温的主要原因，因此，冬季一定要注意保暖。

六、人与气象

生孩子也要看天气

两位德国科学家通过分析 200 个国家和地区的婴儿出生记录，发现当气温在 25℃以上时抑制受孕。一年当中最易受孕的时间是每天太阳照射 12 小时，一天气温停留在 10～22℃的日子，相当于春、秋季，这样的气候条件有助于刺激排卵或产生大量的精子。以美国为例，最好的受孕时期是 3 和 4 月，或 10 和 11 月。

现代科学家研究证实，优生与否除与父母的素质有关外，还可能和太阳活动有关。前苏联两位科学家统计了部分世界名人的出生情况，发现达尔文、托尔斯泰、屠格涅夫和易卜生等 18 位名人都是在 1825 年前后太阳活动较平稳的时期降生。因为太阳活动高峰期会使地球磁场受到干扰或发生磁暴现象，导致气候反常，使胎儿的生物韵律受到干扰。据报载，1986 年 2 月，南京紫金山天文台两次测得太阳耀斑出现，同时伴有射电爆发现象，结果测算出这一年出生的孩子数量比常年低 10%。

此外，大量的资料分析结果表明，婴儿出生月份与疾病有一定关系。比如精神分裂症患者以1—2 月出生者为多，因为胎儿在 3 个月时正值炎热夏季，可能使大脑分化代谢紊乱；癌症患者多为2—3 月出生者，在 6—7 月出生者少发；糖尿病患者多出生于 3 月。这说明各月份不同的综合气象因子对人体生理机制具有不同影响。

气象影响优生

气象条件主要是指气温、气压和湿度。最近，我国医学家发现，气象条件与胚胎发育也有密切的关系。科研人员对1万多例新生儿进行检查，发现2.7%的小儿存在不同程度的先天畸形。科研人员又对这些先天畸形的小儿母亲怀孕日期进行统计分析，然后与相应日期的气象条件联系起来，结果发现，一年四季中，夏季（6—8月）受孕后胎儿发生畸形的几率最高。从气象条件来看，畸形胎儿的发生率与气温呈正相关关系，即受孕时天气越炎热，畸形

胎儿的发生率越高。与气压呈负相关关系，即气压越高，畸形胎儿的发生率越低。

据对全国 24 万例新生儿的大规模调查结果，也证实气象条件影响胎儿的发育。不过气象条件仅对怀孕早期的胎儿发育产生影响。对 2～3 个月以上的胎儿无明显影响。目前优生学家认为，每年10 月中下旬至 11 月上中旬是畸形胎儿发生率最低的怀孕期，这一时期受孕的胎儿畸形发生率比夏季受孕胎儿少 30%～40%。由此可知，秋末冬初受孕可明显减少畸形胎儿的发生。

医生推测，在气温高、气压低的气象条件下男性生殖细胞的发育成熟过程受到干扰，因为精子喜凉怕热，故在炎热季节，男性排出的精子相对较少，质量相对较低。另外，在气压低和湿度大的闷热环境中，孕妇可能出现缺氧，这也会影响早期的胚胎发育。因此，夏季孕育的胎儿发生畸形的可能性是最高的。

为了避免和减少畸形胎儿的发生，新婚夫妇应选择合适的受孕时机，避开畸形胎儿发生率最高的夏季受孕期。

气象与智力

　　在中国浩如烟海的诗歌章节中，几乎百分之八十以上的内容与春天和秋天有关，春天是文学艺

术创造力最旺盛的季节，其次是秋天。这一现象告诉我们，气候在很大程度上影响着创造力的发挥。春天，气温介于 10 ～ 20℃，万物复苏，是万物萌发的时节。这个时节有利于生命体进行细胞分裂、生长，人类大脑神经更新加快，活力增强，心理与生理处于生机勃勃的最佳状态，故而思维活跃，创造力可能达到一年中的巅峰；秋天，有小阳春之谓，天高云淡，气爽神宁，亦可认为是一年中短暂的黄金时代。来自医学、法学界资料显示，炎热沉闷或严寒难耐的阴霾气候条件下，有自杀倾向心理障碍者，其自杀行为高出百分之八十以上。同样，在冬季或特殊性转折天气条件下，可能造成心理节奏紊乱，易促成非理智行为发生。

意大利南部为地中海气候，人们善于歌舞，而同为意大利领土的北部，却是辛勤劳作的景象，南部成了艺术之乡，而北部则为丘陵山地的农业和工业生产基地。从我国开科取士的历史资料可以看出，江浙一带中状元的人数在全国范围内名列榜首，其他如中进士、举人的多如牛毛。近代以来，江浙一带也是我国工业文明的发祥地，这不能不与江浙地区气候宜人有关。

气压与健康

　　自然界存在着人类赖以生存的必要条件，通过长期进化，人类也逐渐适应了自然，特别是相对适应了自然界的复杂气象条件。温度、湿度和气压是气象中的三大要素。其中气压与人体健康关系密

切。气压对人体的影响，概括起来分为生理和心理两个方面。

气压对人体的生理影响主要是影响人体内氧气的供应。人每天需要大约550 L的氧气，其中20%被大脑耗用，当自然界气压下降时，大气中的氧分压、肺泡的氧分压和动脉血氧饱和度都随之下降，导致人体发生一系列生理反应。如从低地登上高山，由于血液循环加快，会出现呼吸急促、心率加快的情况；人体（特别是脑）缺氧，还会出现头晕、头痛、恶心、呕吐和无力等症状，甚至还会发生肺水肿和昏迷，这就叫高山反应。

同时，气压还会影响人体的心理，主要是使人产生压抑情绪。例如，低气压下的阴雨和下雪天气、夏季雷雨前的高温湿闷天气，常使人抑郁不适。而当人感到压抑时，自律神经（植物神经）趋向紧张，释放肾上腺素，引起血压上升、心跳加快、呼吸急促等。同时，皮质醇被分解出来，引起胃酸分泌增多、血管易梗塞、血糖值急升等。另外，月气压最低值与人口死亡高峰出现有密切关系。有学者研究了72个月的当月气压最低值，发现48小时内共出现死亡高峰64次，出现几率达88.9%。

人的体貌特征与气候有关

人身材的高、矮、胖、瘦，皮肤颜色的黄、白、黑、红以及人的性格等，不仅与自身遗传有

关，而且与气候也有一定的关系。

遗传表现为各个种族的表征形态和生理特征，是先天对各种气候环境的适应。例如在欧亚大陆，生活在热带地区的人类，由于光照强烈，气温又高，人的皮肤颜色黑黝黝的；为了抵御酷热的气候，他们的脖子很短，头明显偏小，而鼻子较宽，这样有利于散发体内热量。而在高纬度地区的寒带、温带，太阳不能直射，光照强度常年较弱，气温很低，严寒期较长，这里大多为白种人；为了抵御严寒，他们往往长有一个比住在温、热带地区的人更钩的鼻子，鼻梁较高，鼻内孔道较长。就头型而言，寒带和温带居民头大、头型圆，脸部比较平，这很有利于保温，减少散热量。随着人类社会的进化，他们的后代都继承了这种特征以适应当地的气候。但是，每个人生命期内，在特有的气候条件下，其继承的适应能力限度内形成的特征就完全与气候相关。例如，为适应高山稀薄的空气，山区居民的胸部突出，呼吸功能发达，肺活量和最大换气量比沿海地区的居民明显偏大；而出生在高海拔地区的小孩体重轻，神经系统发育不全的概率比平原地区高。

气候对身高的影响更为明显。以我国为例，北京的年日照时数为 2778.7 小时，武汉年日照时数为 2085.3 小时，广州年日照时数为 1945.3 小时，成都年日照时数最少，仅为 1239.3 小时，所以这些城市居民的平均身高依次由高到矮。其原因是日光中的紫外线能使人体皮肤内的脱氢胆固醇转化成维生素 D，促进骨骼钙化和长粗长高。

由于遗传和后天对环境适应等原因，人们一般都适应自己出生地的气候。南方人比较适应潮湿多雨，北方人比较适应干旱多风，一旦迁居他乡就会出现水土不服，甚至引发疾病。如果当地的气候发生了变化，人们还未适应时也会发生疾病。因此，人们应特别注意气候的变化对人体健康的不利影响。

气候对人性格的影响

自然气候使地球上不同区域形成了不同的人种，也使不同区域的人形成了不同的性格。

生活在热带地区的人，为了躲避酷暑，在室外活动的时间比较多，所以那里人的性格暴躁易发怒。

居住在寒冷地带的人，因为室外活动不多，大部分时间在一个不太大的空间里与别人朝夕相处，养成了能控制自己情绪，具有较强的耐心和忍耐力的性格。比如生活在北极圈内的因纽特人，被人们称为世界上"永不发怒的人"。

居住在温暖宜人水乡的人们，因为气候湿润，风景秀丽，万物生机盎然，所以，人们往往对周围事物很敏感，比较多情善感，也很机智敏捷。

居住在山区的居民，因为山高地广、人烟稀

少、开门见山，长久生活在这种环境中，便养成了说话声音洪亮，商量事情直爽，对人诚实的性格。

居住在广阔的草原上的牧民，因为草原茫茫、交通不便、气候恶劣、风沙很大，所以，他们常常骑马奔驰，尽情地舒展自己，性格变得豪放直爽、热情好客。

生活在城市中的人们，高楼大厦林立，工矿企业众多，温度较高，降水较少，空气不清新畅通，这种憋闷的环境容易使城市人形成孤僻的性格。

气候与心情

你相信吗？好天气能使你心旷神怡，而坏天气会造成人的抑郁寡欢。

各种气象要素中，气温对人们的影响最大。酷热使人心情烦躁，这时人们易做出过激行为。大热天，暴力侵害增多，精神病发病率也会上升。

湿度对人的影响也不小。潮湿的雨天易使人心情忧郁和情绪低落，但在久雨后的晴天，则易使人心情舒畅，这时人们更乐于助人。

在某些国家和地区，常刮干热风。这时人们的反应变迟钝，常犹豫不决，解决问题的能力下降；而在暴风雨来临之前，人们往往有一种说不出所以然的充实感和兴奋感。

一般认为，平均气温在 21 ～ 23℃，略有风的晴天为最理想的天气。这样的天气能使人的体力和情绪保持在良好状态。

气候疗法趣谈

　　人的生理机能同他所赖以生存的气候环境有密切的关系。在一些特殊地理环境下产生的特殊气候条件能对人体各种机能产生作用，并对某些疾病有良好的疗效。

　　山岳气候。海拔1000多米的高山上，夏季气候凉爽，阳光充足，空气新鲜，能够使身体健康欠佳的人呼吸到更多的清新空气，增加血液中的含氧量，促进血液循环，达到较好的疗效。安静、美丽的山岳风光能使病人精神平静、舒畅、增强治病的信心。浙江的莫干山，河南的鸡公山，山东的崂山、泰山，安徽的黄山，江西的庐山和其他许多山岳都是疗养的胜地。

　　海滨气候。海滨气候深受大海的影响，日照充足，空气清新，湿润和柔和的海陆风昼夜交替，十分宜人。这里海涛拍岸，水珠分裂成微细雾滴，空气中含有较多负离子。富含负离子的空气进入人体，能发挥镇痛、止咳、催眠、降低血压和减轻疲劳等多种作用。壮阔的海上风光既使人心旷神怡，又有心理治疗的作用。我国的北戴河、烟台、青岛、普陀山、三亚等地都是疗养胜地。

森林气候。由于各种树木能挥发不同的物质，其对人体有刺激作用，因而也可以作为治病的手段。

人体能忍受多高温度

　　夏天，高温天气让人们烦闷异常，使得心脏病、高血压和急性肠胃炎患者陡然增加，许多医院的接诊率居高不下。究竟多高的温度是最适宜的？人体对高温的忍耐极限是多少？

　　据医学研究，30℃是最舒服不过的，人会感到凉热适中。

　　如果在33℃这样的温度下连续工作两三个小时，作为人体"空调"的汗腺就会开始启动，并通过微微渗汗散发所蓄积的体温。到了35℃时，浅静脉就会出现扩张现象，皮肤微微出汗，心跳加快，血液循环加速。这时对于个别年老体弱的散热不良者来说，需要进行局部降温，以免出现不良症状。

　　身体开始报警的温度是36℃。这个时候，人体会通过蒸发汗液、散发热量进行"自我冷却"，此时身体已拉响警报。一般情况下，人体每天大约排出 0.5 升汗液，可带走 15 克钠，50 毫克维生素 C 及其他矿物质，血容量也随之减少。因此，人体需要及时补充盐、维生素及矿物质，以防电解质出现紊乱现象。

38℃时，人体的多个脏器将参与降温活动。当气温升至这个温度时，人体通过汗腺排汗已难以

保持正常体温，肺部会急促"喘气"呼出热量，心跳速度随之加快，输出比平时多60%的血液至体表参与散热。此时，各种降温措施、心脏药物保健及治疗等措施务必要到位。

39℃是个危险的数字，这时人体的汗腺濒临衰竭。尽管汗腺疲于奔命地工作，但可能会无能为力，很容易出现心脏病猝发的危险。

当气温达到40℃时，人的大脑将会顾此失彼。这样的高温已经直逼生命中枢，以致出现头晕眼花、站立不稳等现象。这时，必须要立即转至阴凉地方或借助较好的降温措施进行降温。

41℃已经到了严重危及生命的高温，此时，人的排汗、呼吸、血液循环等一切能参与降温的器官，在开足马力后已经处于强弩之末的状态。特别是对于体弱多病的老年人来说，更要高度注意。

人体的耐寒能力有多大

大家都知道，人是热血动物，需要一定的体温来维持生命的正常活动。人的体温通常稳定在 36.5 ～ 37.5℃。如体温降到 35℃时，体内的各种化学反应会变慢；当降到 30℃时，大脑功能受到影响；降到 22℃时，心脏就会停止跳动。

实践表明，人类可以在气温为 –90 ～ 60℃的环境中生存，当然，不同年龄、体质及不同地区的人，其适应能力有很大的差别。比如，生活在北极圈内的因纽特人，他们住在冰块砌成的房子里，晚上睡在只铺了柳条垫子的冰床上，更有人赤身裸体在 0℃左右的气温安然入睡。

按理说，人是怕"冷"的。不过，人在突然遇到寒冷时有一个抵抗过程，随着抵抗力的减弱，体温就会逐渐降低，以至降到 20℃ 左右人才可能死亡。经受寒冷锻炼的人能增加适应寒冷的能力。俄罗斯西伯利亚的雅库茨克最低气温可达 -62℃，人们竟能听到自己哈气成冰的"沙沙"作响声，一不小心就会不知不觉冻掉耳朵和鼻子，可当地人仍然生活得自如自在。

七、日常生活与气象

家庭小气候的调节

众所周知，城市里的污染远大于农村。出乎意料的是，粉尘浓度最大、污染最重的地方，既不在繁华的街道，也不在工厂，却是在家庭住宅。

引起家庭住宅如此严重污染的原因，除了住房狭窄外，主要还是由住宅主人自己造成的。家家天天要烧饭煮菜，燃料燃烧的废气久久留在室内，尤其在寒冷季节，门窗密不通风，是室内长时间维持空气污染的原因。

吸烟吐出的烟雾是家庭空气污染的原因之一。有人曾测定，室内有一人不停地吸烟，则空气的污染程度便远远超过一个工厂所允许的标准。

人体日常的排泄物和悬浮在室内空气中的微小纤维这些污染颗粒呈气溶胶状，不易沉降，对人体有较大危害。人体排出的粪便，鞋、袜子以及蔬菜副食品放在室内，也都会散发出异味而污染室内空气。如果几个人同住在狭小的室内，若空气不流通，咳嗽、打喷嚏、讲话等产生许多带病菌的飞沫悬浮于室内，而且随着室内温度、湿度不断上升，空气内的二氧化碳和尘埃增加，这些又给传播疾病创造了条件。

医学家研究发现，许多疾病与家庭中的小气候有关。学生在受污染的家庭中做作业、生活，常

感到头晕和思维不敏捷，学习成绩不理想。成人在污染的家庭环境中生活，会使抵抗力降低，常引起感冒，尤其在心理上常出现烦恼不安，导致家庭矛盾增多等。老年人还会出现"居室综合征"。

调节家庭小气候，首先要经常开门窗通风换气，80立方米的房间在无风、室内外的温差为20℃时，约10分钟就能使空气得到交换。尤其冬、春两季早晚要开门窗换气，平时最好留一通气窗，有条件设置排风扇更好，但关键是室内要经常打扫、除尘、除烟，有条件的家庭还可以使用空气净化器净化居室。

要劝阻家里人不在室内吸烟，尤其家里有14岁以下的儿童时，更要绝对禁止在居室内吸烟。不妨在室内放置几盆花，这样有利于吸收二氧化碳，增加室内氧气的浓度，甚至还能起到降尘的作用。为了减少衣、被等纺织品微小纤维对空气的污染，家庭吸尘器的使用也值得被提倡。

室内小气候与传染性疾病

　　室内由于围护结构（墙、屋顶、地板、门窗等）作用，形成了与室外不同的气候，称为室内小气候。室内小气候主要是由气温、湿度、风和热辐射这四个综合作用于人体的气象因素组成。

　　传染性疾病和室内污染有密切关系。室内传染性疾病的污染主要指各种细菌、病毒、衣原体、支原体等对室内空气的污染。这类疾病在人群中有一定的传染性。传染病病人常常是最重要的传染源，因为病人体内存在大量病原体，而且具有某些症状如咳嗽、气喘和腹泻等，更有利于其向外扩散；同时室内环境空间有限，均可能使病原体的室内浓度增加，使人群在室内被感染的机会明显大于室外。

一般造成人们在室内患上传染性疾病的因素（传染链）有三方面：一是有室内的传染源。二是有传播途径，即病原体从传染源排出后进入人体前所必须经过的各种环境介质。实际上就是室内的微小气候，即室内气温、相对湿度、室内微气流（风）和热辐射。这些因素直接影响室内污染物（病原体）的浓度和人体的实际接触（摄入）水平。三是有对该疾病的易感人群。因此，专家一再提醒，预防"非典"等传染性疾病，最为简单、有效的方法就是室内的通风换气，以迅速地稀释和降低污染物（病原体）的室内浓度，减少病原体飞沫在空气中的停留时间，这就有效地切断了疾病的传播途径，阻断了疾病传染链。

研究表明，室内外气体的交换取决于几个方面：首先是室内外风压的大小，其次，室内外温差也造成室内压力不同，以及室内外大气的成分不同。风速大于6～7米/秒，只要1小时室内空气即可全部更换；若风速仅在2～3米/时，1小时仅有40%的室内空气可以更换。因此，有关专家建议，在一般情况下，每天开窗2～3次，每次半小时；静风或微风的时候要适当延长开窗时间。总之，只要我们严格控制和降低室内的生物性污染水平，切断传染性疾病在室内的传播途径，各种室内传染病就完全能够得到有效控制。

日晒一刻钟，防癌又健康

　　人每天应接触一定的阳光，否则就有紫外线不足之嫌了。人体对紫外线的敏感度春天最高，紫外线可以给身体制造维生素 D，并有杀菌作用。维生素 D 是骨骼生长的必需品，人缺少了它就有可能会患佝偻病。纵然到不了这种程度，紫外线不足也会使身体出现各种疾病。俗话说，"太阳不来医生来"。一天之中，如果人接受紫外线的照射时间不足 20 分钟，那就会有紫外线供应不足的危险。

　　美国癌症研究联合会发表了一项研究结果称，每天晒太阳 15 分钟，能有效预防癌症。研究人员发现，每天晒太阳时间少于 15 分钟或从来不接受太阳直射的人，患癌症的概率数倍于经常晒太阳的人。研究人员认为，之所以晒太阳能达到这样的效果，是因为皮肤只有在接受紫外线辐射后才会产生维生素 D。维生素 D 可以抑制非正常生态细胞的生长，消除肿瘤形成的血液环境。同时，众多研究已经证实，维生素 D 可以预防结直肠癌、前列腺癌、肺癌和皮肤癌。科学家曾做过一项统计，发现维生素 D 可以减少 30% 的皮肤癌发生概率。但科学家又忠告，晒太阳虽好，但不能长时间暴晒，不然会造成皮肤晒伤，喜欢日光浴的人必须抹防晒霜。

光照对工作效率的影响

光照对工作效率的影响不可忽视。阴雨连绵、阳光暗淡的季节，工作效率和生产效率都要受到影响，早在我国古代就有"天昏昏兮人郁郁"的诗句，可见光照对工作效率的影响之深。

为克服阳光暗淡带来的弊端，一些部门正在试用"人造环境"来提高工作效率。在法国，每当阴雨连绵时节，一些工厂便用灯光把车间打扮成旭日东升、曙光万道的景象：临近中午时，华灯齐射，呈现出晴空万里、"阳光"灿烂的气氛；快下班了，车间里又是一番"太阳"西沉、霞光四射的景色。这样能振奋人的精神，使工作效率提高10%。

锻炼身体的最佳时间

多年来，人们习惯上认为锻炼身体以早晨为最佳，其次是黄昏，因为那时的空气最新鲜。但是由于城市空气污染的缘故，最佳锻炼时间也发生了变化。

研究证明，在一般情况下空气污染每天有两个高峰期，一个为日出前，一个为傍晚。特别是冬季，早晨和傍晚在冷高压的影响下往往会有逆温现象，即上层气温高，而地表气温低，大气垂直对流近乎停止。因此，近地面的有害污染物不能向大气上层扩散，停留在下层。在工业集中或高楼林立的居民区及汽车飞驰而过的道路两旁，这种现象尤为典型。这时，有害气体浓度要高出正常情况下的 2 ～ 3 倍。

一个健康的成年人每分钟呼吸 16 ～ 20 次，一天吸入空气 10 多立方米。而锻炼时，由于代谢的需要，吸入的空气往往是正常状态下的 2 ～ 3 倍。所以锻炼时环境与时间的选择显得尤为重要。

什么时间的空气最洁净呢？实验研究证明，每天上午 10 时与下午 3 时左右为两个相对最佳期。

生活中的理想温度

一年四季，气温有高有低，经过科学家长期研究和观察对比，认为生活中各项活动的理想温度应该是：

居室温度保持在 20 ～ 25℃；

穿衣保持最佳舒适感时，皮肤的平均温度为33℃；

饭菜的温度为 46 ～ 58℃；

饮水时的温度为 44 ～ 59℃；

泡茶的温度为 70 ～ 80℃；

洗澡水的温度为 34 ～ 39℃；

洗脚水的温度为 50 ～ 60℃；

冷水浴的温度为 19 ～ 21℃；

阳光浴的温度为 15 ～ 30℃。

另外，不同的物品存储温度也不一样，如果存储温度不合适，物品也很容易变质。

茶叶存放温度应小于10℃；

鲜肉存放温度为5℃左右；

冻肉解冻最佳温度为 10 ～ 15℃；

鲜蛋存放温度为 –1 ～ 1℃；

西红柿存放温度为 13 ～ 20℃；

香蕉存放的最佳温度为 12 ～ 13℃；

菠萝存放温度为 8 ～ 9℃；

柑橘存放温度为 1 ～ 8℃；

黄瓜存放温度为 1 ～ 10℃；

苹果存放温度为 –1 ～ 0℃；

梨、桃、杏、葡萄、甜瓜、胡萝卜等存放温度为 0 ～ 1℃；

大白菜存放温度为 –2 ～ 2℃

……

睡觉中的气象学问

能否迅速入睡与被窝温度关系密切。据研究，被窝温度在 32 ～ 34℃时易入睡。被窝温度低，需

要长时间用体温焐热，不仅耗费人的热能，而且人的体表在经受一段时间的寒冷刺激后使大脑皮层兴奋，从而推迟入睡，或是造成睡眠不深。欲想在冬季早睡和睡得深，可使用电褥子或热水袋先调节好被窝内的温度。

被窝内相对湿度最好保持在50％～60％。由于人体睡眠时要排出汗液，因此，被褥要经常晾晒，以保持干燥。

再就是气流。被窝内的气流应有一定的速度，这就要求被子不要四处透风，也不要捂得太严，更不能蒙头睡眠。被子以轻、暖、软为宜。

购房不能忽视气象条件

一般人在购房时，考虑较多的是房子的价格、结构、质量、地理位置、物业管理条件等，对房子周围的环境考虑较少，尤其容易忽视"看不见、摸不着"的气象条件，等到住进去后，才因为气象条件不适而感觉不舒服，这就为时已晚。无论购买新房或二手房，至少要从以下几个方面考察房子的气象条件。

首先是光线条件。现在绝大数的商品房，光线条件都满足国家规定的"冬日满窗日照时数不少于1小时"的标准。楼房之间

的间距越大，或楼层越高，房子的可照时数就越多。购房者可以根据自己对光线的不同要求，选择房子的地点和楼层。

其次是湿度条件。近地层的空气湿度与当地的天气、气候有关，与地质和地貌也有关系。人们在购房（尤其是买底层房）时，要特别注意房子的地质地貌条件。地势低洼、土质松软的地方，可能终年湿度较大，雨季里墙壁、地板也容易潮湿，夏日里蚊虫必然较多；而地势较高、土质板硬的地方，则湿度相对偏小，即使住在一楼，一般也没有潮湿的感觉。考察房子周围的湿度状况，以春、夏季或阴雨时节较适合，在秋高气爽或干燥的冬季，常常不容易察到湿度的差异。

再次是风的条件。一般购房者都希望房子的通风条件较好，这样就比较看重房子的朝向。多数商品住宅楼的门窗都是南北朝向，这是根据我国属季风气候区这一气候特点设计的。但各地的"最多风向"还是有些差别的，楼房门窗的朝向，宜和当地的"最多风向"保持一致，这样通风条件才能达到最佳。所以购房者在买房之前，最好能向当地气象台站咨询一下本地的"最多风向"，从而在选房时做到心中有数。

使用空调的最佳室温

炎炎夏日，空调会使你享受到春天般的清凉和舒适。然而，空调使用不当也会带来烦恼，使你感到浑身乏力，出现头痛、腰背痛、四肢痛、关节痛、腹泻及月经不调等"空调病"症状。

日本科学家发现，空调病是因室内气温调节不当引起的。实验证明，人体在短时间内自我调节体温的能力是5～7 ℃，在这个温差范围内，人体通过调节汗腺、毛孔的张

闭和毛细血管以及肌肉收缩等，能够很快适应温度的变化。但是，当温度变化过大时，仅靠人体自我调节就不够了。比如，在室内外温差大于10℃的房间里若每隔15分钟出入几次，就会出现腹泻等症状。尤其是老人、小孩及女性，由于体质、衣着等原因，更易受冷气侵袭，发生空调病。

那么，夏季应使室温控制在多高才合适呢？一般来说，较佳的室温以27～28℃为宜。对于男士来说，可以适当降低1～2℃，当然，这个数值也不是绝对的，因为当室外气温很高时，室内、外温差会超过人体调节范围。为了解决这个问题，有人提出应用模糊原理对空调的调温加以控制，使其达到智能化。这种空调能根据主人的要求及外界气温的变化自行调节温度。当主人不在时，它能使室内外温差保持在5℃左右；而当主人回来后，它又能逐渐将室温降低到所希望的温度；当主人入眠后，它还会将室温调节到27℃左右；从而让使用者既享受了舒适的生活，又完全消除了空调病的烦恼，像这样的室温，才是使用空调时的最佳室温。

空气温度与体感温度

　　生活中我们常有这样的感觉：气象台的天气预报，会与自身实际感受到的冷暖程度不一

致。为什么会出现这样的情况呢？天气预报中的气温仅仅代表空气的冷暖程度，并不能完全表示人体对环境的冷暖感受，但气温高低可以作为人体冷暖感受的一个参数，这也正是空气温度与体感温度的区别所在。而体感温度是指人感受冷热的温度感觉，它不能被简单地理解为是人体皮肤温度与气温之差。在相同的气候条件下，人们还会因空气湿度与风速大小、着装颜色、日射强弱，甚至心情好坏等的不同而产生不同的冷暖感受。例如在气温30℃的环境中，空气的相对湿度在40%～50%，平均风速在3米/秒以上时，人们不会感到很热；然而在相同的的温度条件下，相对湿度若增大到80%以上且风速很小时，人们就会产生闷热难熬的感觉，体弱者甚至会出现中暑现象。

空气舒适度

　　空气舒适度的预报分为极冷、寒冷、偏凉、舒适、偏热、闷热和极热七个等级，分别表示人体

对外界自然环境可能产生的各种生理感受。

空气舒适度为极冷或极热时，就是提醒您在未来 24 小时内，必须在具有保暖或防暑措施的环境中工作或生活，否则，一定会冻伤裸露的皮肤或容易发生严重的中暑现象。

空气舒适度为寒冷或闷热时，则是提醒您要适当采取保暖或降温措施，不然的话，很容易由于过度的寒冷或炎热，影响身体健康和工作效率。

空气舒适度为偏冷或偏热时，则是提醒年老和体弱的朋友适当增减衣服，防止感冒或受热。

空气舒适度为舒适时，则说明在未来 24 小时内，令感到冷暖适度、身心爽快，正是工作、生活、休闲度假或外出旅游的最佳时段。

湿度多高最合适

　　夏天湿热，冬天干燥，这里所说的干、湿是指空气中水汽含量的多少。在气象上，我们用相对

湿度来表示大气中的水汽含量。相对湿度越大表示空气越潮湿，水汽距离饱和程度越近。在一定温度条件下，空气相对湿度越小，人体汗液蒸发越快，人的感觉越凉快。

在我国北方，由于冬、春季节相对湿度太小，人们往往有不舒服的感觉，有时还出现嘴唇干裂、鼻孔出血、喉头燥痒等现象。可是，到了盛夏季节，空气相对湿度超过 80% 时，由于汗液蒸发缓慢，人们又会感觉酷暑难耐，有时还会中暑或引发心力衰竭、急性肾衰竭等疾病。

居室里比较舒适的气象条件是：室温达 25℃ 时，相对湿度控制在 40%～50%；室温达 18℃ 时，相对湿度应控制在 30%～40%。有加湿器的家庭应注意经常调节室内相对湿度，以便充分地利用湿度变化来为健康服务。

光线、温度、空气与用脑效率

常年在室内工作的人不乏有这样的体会：自己感觉情绪和体力都不算差，但干起活来总是不能尽如  人意，效率低下。其实，人的工作效率也与环境息息相关，环境因素能影响用脑效率。美国的最新研究结果表明，在温暖的办公室内办公，做事的效率要远高于在阴冷的办公室里工作。

光线。正常的自然光可使人的视力、情绪、脑效应增高，处理问题迅速、准确。过强的阳光会刺激脑细胞，使人感到烦躁甚至眩晕，影响思维判断能力，而太弱的光线则不能引起大脑足够的兴奋，也会影响用脑效率。

温度。用脑环境的最佳温度是20℃左右，此时大脑处理信息和思考问题的能力最强；当气温低于10℃时，人的头脑虽然清醒，但用脑效率并不理想；当气温超过33℃时，大脑的能量消耗明显增加，人就会觉得疲乏，烦躁易怒。

空气。大脑的活动需要营养和氧气。人在紧张的工作、学习时，若脑部供氧不足，大脑的工作效率就会降低。经常开窗通风换气，使大脑有足够的氧气供应，有利于提高用脑效率。

参考文献

包云轩，2015.气象学（第三版）[M].北京：中国农业出版社.

冯明，等，2015.户外运动气象学[M].北京：中国地质大学出版社.

国家气候中心，2015.中国气象灾害年鉴[M].北京：气象出版社.

贾金明，等，2008.气象与生活[M].北京：气象出版社.

刘广英，2009.气象万千[M].北京：气象出版社.

陆晨，等，2006.天天健康——气象与保健[M].北京：气象出版社.

《气象知识》编辑部，2013.生活中的气象奥秘[M].北京：气象出版社.

寿绍文，2010.天气学分析［M］.北京：气象出版社.

王五一，等，2009.全球环境变化与健康［M］.北京：气象出版社.

王修筑，2013.中华二十四节气［M］.北京：气象出版社.

肖子牛，2014.气候与气候变化基础知识［M］.北京：气象出版社.

中国气象学会秘书处，2009.农村四季天气与养生保健［M］.北京：气象出版社.

朱应珍，等，2007.四季天气与养生保健［M］.北京：气象出版社.